Schifferbücher und Elbblockade.

Eine Antwort an

Herrn Dr. **Rich. Ehrenberg.**

Von

Dr. Ernst Baasch.

Hamburg.
L. Friederichsen & Co.
1894.

In den „Jahrbüchern für Nationalökonomie und Statistik" 3. Folge, Bd. 6, Seite 616 ff. hatte Rich. Ehrenberg meine Schrift „Hamburgs Seeschiffahrt und Waarenhandel vom Ende des 16. bis zur Mitte des 17. Jahrhunderts" Hamb. 1893 (Sonderabdruck aus der Zeitschrift des Vereins für Hamb. Gesch.) besprochen; Ehrenberg war „erfreut über die Bearbeitung, welche fortan ein unentbehrliches Hilfsmittel für die Hamburgische Handelsgeschichte bilden wird", meinte aber, sie litte an „einigen fundamentalen Mängeln"; er zählte dann eine Reihe von „Bedenken" auf. In demselben Bande der „Jahrbücher" S. 937 ff. veröffentlichte ich dann eine „Erwiderung", in der ich die hauptsächlichsten „Bedenken" Ehrenbergs widerlegte. Ehrenberg hatte mehrfach monirt, daß man „nach wie vor auf das Urmaterial zurückgreifen müsse" und daß ich hätte „den ganzen Inhalt der Schifferbücher in Tabellenform" bringen müssen; ich erklärte, daß letztere Forderung „ungeheuerlich" und erstere Bemerkung hinfällig, da ich nie behauptet, daß die Benutzung des Urmaterials von nun an überflüssig sei. Ehrenberg hatte behauptet: seit dem Jahre 1604 sei der Abfahrtshafen bei den Schiffseingängen „ziemlich regelmäßig" genannt; ich wies an der Hand von Zahlen nach, daß diese Behauptung auf ungenügende Kenntniß der Schifferbücher zurückzuführen sei. Ehrenberg hatte behauptet, ich hätte nur die Gesamtzahlen genannt; ich wies nach, daß aus S. 13—27 meiner Schrift das Gegenteil hervorginge. Ehrenberg verlangte, ich hätte „die fehlenden Lastziffern der eingelaufenen Schiffe nach den Listen der Schiffsausgänge ergänzen" sollen; ich wies nach, daß dies in Folge der Unvollständigkeit der erhaltenen Lastangaben für die Schiffsausgänge unmöglich sei. Ehrenberg behauptete, ich hätte nicht alle Waaren bei allen Jahren angegeben; ich wies ihn darauf hin, daß das garnicht meine Absicht gewesen. Ehrenberg stellte die Behauptung auf, daß auch über Ausfuhr etwas aus den Schifferbüchern ersichtlich sei; ich bemerkte ihm, daß das ein gründlicher Irrtum sei, da die Schifferbücher nichts über Ausfuhr mitteilen. Auf die übrigen Punkte des Ehrenberg'schen Referats, die ich in meiner „Erwiderung" berührte, werde ich unten eingehen.

Nachdem ich so an mehreren Beispielen nachgewiesen, daß Ehrenberg's Bedenken hinfällig und daß er hinsichtlich des in Rede stehenden Materials, der Schifferbücher, trotzdem er sie „gefunden" hatte, eine augenscheinliche Unkenntniß an den Tag gelegt hatte, durfte man erwarten, daß Ehrenberg sich auf Grund dieser Thatsachen schweigend wieder in das Stillleben der Altonaer Lokalgeschichte zurückziehen würde. In dieser Erwartung sah man sich getäuscht. Im Anschluß an meine „Erwiderung" veröffentlichte Ehrenberg „Bemerkungen". Da er aber sachlich nichts mehr zu sagen wußte und auch wohl, nachdem er in seinem Referat eine so auffallende Unkenntniß zum Besten gegeben, sich nicht mehr Blößen geben, doch aber gern das letzte Wort haben wollte, so wiederholte er einfach seine „Bedenken", indem er mehrfach erklärte: „ich beziehe mich auf meine Kritik". Nur einen „Irrtum" gestand er ein. Ich würde nun nicht noch einmal in dieser Sache die Feder ergriffen haben, da Ehrenberg wohl der Einzige ist, der von der Unfehlbarkeit seiner „Kritik" überzeugt ist; ich würde mich höchstens auf eine ganz kurze Erklärung [1]) beschränkt haben. Da Ehrenberg aber versucht, eine unhaltbare Behauptung durch eine meine Zuverlässigkeit verdächtigende Bemerkung zu stützen, und einen persönlichen Angriff hinzufügt, so sehe ich mich genötigt, etwas ausführlicher auf die Ehrenberg'schen Ergüsse zurückzukommen.

In seinem Referat hatte Ehrenberg „jede Angabe darüber vermißt, ob die Lücken in den Schifferbüchern durch deren Verlust, bezw. teilweise Zerstörung oder vielleicht durch zeitweilige Sperrung des Schiffsverkehrs hervorgebracht worden sind". Darauf hatte ich in meiner Erwiderung bemerkt: „hätte ich ahnen können, daß Jemand, der sich bereits mit hamburgischer Handelsgeschichte beschäftigt hat, auf den Gedanken kommen könnte, das Nichtvorhandensein ganzer Jahrgänge der Schifferbücher sei etwa zu erklären mit einer zeitweiligen Sperrung des Schiffsverkehrs, so hätte ich meinen Kommentar

---

[1]) Eine solche hatte ich an die Redaktion der „Jahrbücher" eingesandt in der Hoffnung, daß der Abdruck dieser Erklärung schon in dem folgenden Hefte stattfinden könne. Als sich aber nach dem Erscheinen des letzteren zeigte, daß der Abdruck nicht erfolgt, sondern für das Februarheft verschoben war, habe ich die „Erklärung" zurück- und vorgezogen, eine eingehendere Erwiderung zu verfassen; daher die Verzögerung.

etwas weiter ausgedehnt, selbst auf die Gefahr hin, bei Manchem durch Mittheilung von Selbstverständlichem anzustoßen". Ich fügte hinzu, daß ich es für unmöglich halte, in jedem einzelnen Falle nachweisen zu wollen, ob eine Lücke auf „Sperrung des Verkehrs" oder Zerstörung des Materials zurückzuführen sei. „Zeitungen, die alltäglich die Schiffsbewegungen und ev. die „Sperrung" melden, gab es im Anfang des 17. Jahrhunderts in Hamburg nicht; aus den Chroniken und sonstigen Quellen ergiebt sich zu dieser Frage so gut wie nichts". Auf diese meine Darlegung erwiderte nun Ehrenberg folgendes: „Der Schiffsverkehr Hamburgs war, wie ich aus völlig zuverlässigen Quellen weiß, während des fraglichen Zeitraums wiederholt längere Zeit durch Blockaden gesperrt. Ein gewissenhafter[1]) Bearbeiter hätte untersuchen müssen, ob die — teilweise nur Monate umfassenden — Lücken in den Schifferbüchern mit jenen Sperrungen zusammenhängen". Der mir hier gemachte Vorwurf, ich sei nicht „gewissenhaft" gewesen, zwingt mich zu einer eingehenden Widerlegung der ihm als Voraussetzung dienenden sachlichen Behauptung.

Ehrenberg schreibt, ihm sei „aus zuverlässigen Quellen" bekannt, daß „der Schiffsverkehr Hamburgs während des fraglichen Zeitraums, d. h. zwischen 1590—1634, wiederholt längere Zeit durch Blockaden gesperrt gewesen sei." Da er es unterläßt, einerseits seine „zuverlässigen Quellen" anzugeben, andererseits nähere Angaben über die Jahre, in denen diese „Blockaden" stattgefunden, zu machen, bisher aber solche „Blockaden", „Sperrungen des Schiffsverkehrs" für jene Zeit ganz unbekannt gewesen, so müssen wir diesen ganzen Zeitraum Jahr für Jahr Revue passiren lassen, um zu sehen, was denn die bekannten, „zuverlässigen Quellen" eigentlich berichten. Dabei soll gleich versucht werden, die in der Reihe der Schifferbücher vorhandenen Lücken mit etwa sich aus der Untersuchung ergebenden „Blockaden" in Zusammenhang zu bringen.

Den Zeitraum von 1590—1619 incl. können wir nun allerdings kurz erledigen; denn die Schiffahrt auf der Unterelbe ist in dieser Zeit nie durch kriegerische und andere Ereignisse, die mit „Blockaden" oder Aehnlichem verbunden gewesen wären, gehemmt worden; die Lücken in den Schifferbüchern können also auch nicht mit solchen in Zusammenhang gebracht werden. Von nun an aber wurde es unruhiger. Kriegsschiffe, sowohl dänische und holländische wie englische haben in den 20er Jahren auf der Elbe gelegen und den Schiffsverkehr

[1]) Seitens der Redaktion der „Jahrbücher" ist mir eine befriedigende Erklärung über die unbeanstandete Zulassung dieses Ausdruckes zugegangen.

teils beschränkt, teils geschützt; eine „Blockade" hat dies nie mit sich geführt; höchstens „Molesten"; so heißt es in dem Elbprivileg, das der Kaiser am 3. Juni 1628 verlieh, wonach keine „Orlogschiffe auf den Elb-Strom logiret werden sollen, dadurch die Stadt incommodiret werden, und die Trafiquirende einige Molestation empfinden könnten oder möchten." Betrachten wir nun die einzelnen Jahre.

Im Jahre 1620 ließ Christian IV. Glückstadt anlegen, stationirte Kriegsschiffe auf der Elbe, die den hamburgischen Schiffen mancherlei Belästigung verursachten; die Schiffe wurden visitirt und ihnen ein Zoll abgefordert. Natürlich wurde dadurch der Handel schwer geschädigt und manches Schiff mag dadurch abgehalten worden sein von Hamburg abzufahren; in den Listen der auslaufenden Schiffe scheint sich dies bemerkbar zu machen, denn 1619 liefen 1920; 1620 nur 1556; und 1621 wieder 1827 Schiffe aus; ich sage aber ausdrücklich: es scheint. Von einer „Blockade" ist nicht die Rede, weder in den Urquellen noch in den Bearbeitungen. Uebrigens sind die Listen für ein- und ausgehende Schiffe vollständig vorhanden.

Das Jahr 1621 war ganz ruhig. Es fehlt die Liste der einlaufenden Schiffe. Von „Blockade" keine Spur. Ebenso war das Jahr 1622 auf der Unterelbe ruhig; es fehlt die Liste der einlaufenden Schiffe bis 15. April, die der auslaufenden ist vollständig vorhanden; eine „Blockade" kann für die Lücke nicht entdeckt werden.

Das Jahr 1623: ganz ruhig. Die Liste der „auslaufenden" fehlt ganz, während die der „einlaufenden" vorliegt. Keine „Blockade".

Das Jahr 1624: ganz ruhig. Für die bis zum 16. März fehlenden einlaufenden keine Erklärung etwa in einer „Blockade"; die „auslaufenden" ganz vorhanden.

Das Jahr 1625: ganz ruhig; keine „Blockade"; beide Listen vorhanden.

Unruhiger wurde es 1626 an der Unterelbe; der Krieg rückte Hamburg näher. Am 28. Juli rückte der Administrator von Halle vor Ritzebüttel, überrumpelte dies und wich erst, als die Hamburger mit 80 Schiffen und 1000 Mann die Elbe herabkamen; am 22. August verließ Jener Ritzebüttel. Das sind die Thatsachen, wie sie übereinstimmend von allen „zuverlässigen" Quellen mitgeteilt werden. Nun ist in der Liste der eingelaufenen Schiffe eine Lücke vom 21. Juli bis 4. August; eine „Blockade", wird Herr Dr. Ehrenberg sagen. Von einer Blockade kann aber gar keine Rede sein und ist auch nirgends die Rede, am wenigsten kann sie aus jener Lücke erklärt werden, denn 1. bliebe dadurch die Lücke vom 21.—28. Juli unerklärt. 2. würde, wenn überhaupt die Besetzung Ritzebüttels den einlaufenden Verkehr im Hamburger Hafen beeinflußt hat, dies doch erst etwa 2 Tage später sich hier bemerkbar gemacht haben. Es würde sich also nur eine Lücke von etwa 5 Tagen ergeben und es liegt absolut kein Grund vor, diese gerade durch eine Blockade zu erklären, die sonst nicht nachweisbar ist. 3. wäre es merkwürdig, daß schon vom 4. an wieder Schiffe im Hamburger Hafen einlaufen, während die Besetzung Ritzebüttels bis zum 22. gedauert hat. 4. war der Administrator, dessen Truppen, nach zuverlässigen Quellen, wenig kriegstüchtig und schlecht bewaffnet waren, garnicht im Stande, die Elbe zu „sperren"; dazu gehörten Kriegsschiffe und diese besaß Jener nicht.

Also eine Blockade hat nicht stattgefunden. Auch die Lücke in der Liste der „einlaufenden Schiffe" vom 21. Oktober bis 29. Dezember läßt sich durch keine „Blockade" erklären. Die Liste der „auslaufenden Schiffe" fehlt ganz; auch zur Erklärung dieser Thatsache fehlt eine „Blockade".

Wir kommen zum Jahre 1627. Der Krieg zog sich über die Elbe; Tilly zog über den Strom; Stade war in kaiserlichen Händen. Dänische Kriegsschiffe beherrschten die Elbe. Am 12. August schickt Christian IV. nach Hamburg, warnt vor Verletzung der Neutralität, wolle ihnen den Elbstrom nicht sperren. Eine „Blockade" ist denn auch in diesem Jahre durch nichts zu erweisen, und der Umstand, daß die Liste der „einlaufenden" Schiffe vom 19. Mai bis 7. November fehlt, ist durch eine Verkehrssperrung dieser Art nicht zu erklären. Die Liste der „auslaufenden" ist vollständig vorhanden.

Auch 1628 hat keine „Blockade" stattgefunden; der König ordnete das Aufhören der Visitirung der hamburgischen Schiffe an. Die Liste der „ausgelaufenen" Schiffe fehlt ganz, die der „eingelaufenen" ist bis auf ein abgerissenes Stückchen vollständig.

Das Jahr 1629 war ganz ruhig; beide Listen sind vorhanden.

Das Jahr 1630 war für die Unterelbe recht unruhig. Christian IV. ließ bei Glückstadt alle von und nach Hamburg segelnden Schiffe anhalten und sie erst passiren, nachdem sie einen Zoll entrichtet. Dies wurde von den Hamburgern als eine „Neuerung" beklagt, durch welche „die commercia mechtig retardiret worden". Aber eine „Blockade" ist dies nicht gewesen und auch nicht als solche empfunden worden. Am 5. Mai schrieb der Rath an Herzog Friedrich von Holstein: „Als dann solche Hemmung der Commercien und Anordnung newer Zollen nicht allein den kündigen Reichs-Constitutionibus schnurstracks zuwieder, sondern auch, da solches also solte continuirt werden, dieser Statt gentzliche ruin und diversion der commercien von dem Elbstrom dahero ohnfeilbahr folgen müße", d. h. wenn es so weiter ginge, dann würde der Verkehr allerdings sich von der Elbe ziehen.

Daß aber der Verkehr trotz Zollforderung und Setzen bei Glückstadt fortbestand, geht hervor aus den in der „Rechtmessige Defension der Stadt Hamburgk ꝛc. Hamburgk 1630“, Seite 58—78 abgedruckten Aussagen der Schiffer vom 29. April: Die Schiffer haben bei Glückstadt halten müssen, haben den Zoll teils gezahlt, teils nicht gezahlt, und sind dann unbehelligt weiter gefahren, auf- oder abwärts. Natürlich wurde auch dies schon von Hamburg in Klagen an den Kaiser u. s. w. gelegentlich als „Sperrung des Elbstroms“ bezeichnet, ebenso wie dieser Ausdruck oft später gelegentlich der Stader Zoll-Wirren angewandt wurde. Es folgte dann Anfang Mai der Zug der Hamburger gegen Glückstadt und die Wegnahme der dänischen Zollpinassen. Auch dies ist keine „Blockade“.

Schlimmer wurde es nun in der zweiten Hälfte des Jahres. Am 28. August erschien eine dänische Kriegsflotte vor der Elbe, eine hamburgische fuhr ihr entgegen; es kam zu einer Kanonade. Die dänischen Kriegsschiffe blieben dann noch längere Zeit auf dem Strom und suchten den Verkehr Hamburgs mit der See auf alle Weise zu schädigen; daß ihnen das gelang, ist natürlich und scheint sich auch in der Verminderung der „auslaufenden“ Schiffe erkennbar zu machen. Von einem Aufhören, einer vollständigen Stockung des Verkehrs auf der Elbe kann aber selbst in dieser bösen Zeit nicht die Rede sein; König Christian IV. betonte ausdrücklich in einem Schreiben an den Kaiser: „So haben wir doch frembder Kauffleute Schiffe, die dieser Sachen sich nicht theilhaftig gemacht, biß dato ungehindert auff- und abpassiren lassen“, und gegenteiligen Behauptungen, namentlich der Niederländer, hat der König entschieden widersprochen (vergl. z. B. Bricka og Fridericia, Kong Christian IV. egenh. Breve II. 295). Die Liste der „auslaufenden“ Schiffe liegt vollständig vor; in der ganzen Zeit vom August bis Schluß des Jahres sind unaufhörlich Schiffe ausgelaufen. Die Liste der „einlaufenden“ fehlt ganz; für dies Fehlen eine „Blockade“, die, wie wir sahen, nicht bestanden hat, verantwortlich zu machen, ist nicht zulässig.

Im Jahre 1631 wurde der Streit mit Dänemark, nachdem die Thätlichkeiten auf Befehl des Kaisers schon Ende 1630 aufgehört, durch Unterhandlungen fortgesetzt; von Blockade der Elbe ist nicht die Rede. Es fehlt die ganze Liste der „auslaufenden“ und die der „einlaufenden“ bis zum 6. April.

Das Jahr 1632 verlief auf der Unterelbe ruhig; keine Blockade. Die Liste der einlaufenden Schiffe liegt vollständig vor, die der auslaufenden fehlt.

Ebenso 1633.

Auch 1634 war es ruhig; die Liste der einlaufenden Schiffe fehlt vom 27. April ab, die der auslaufenden fehlt ganz.

Hieraus ergibt sich zunächst als Resultat: während der ganzen Zeit 1590—1634 ist aus den bekannten Quellen eine eigentliche Blockade, d. h. eine vollkommene Verkehrsstockung nicht nachzuweisen. In den Jahren, wo mit Aufgebot von Kriegsmacht die freie Schiffahrt auf der Unterelbe durch Zollforderungen u. s. w. ohne Zweifel beschränkt, die Fahrt auf- und abwärts verzögert und aufgehalten wurde, sind diese Hindernisse doch nicht derartig gewesen, daß wir annehmen können, daß „längere Zeit" eine förmliche Verkehrsstockung stattgefunden hat. Es ergibt sich somit, daß die Behauptung Ehrenbergs „der Schiffsverkehr Hamburgs war während des fraglichen Zeitraums wiederholt längere Zeit durch Blockaden gesperrt" eine irrige ist. Hiermit ergibt sich also auch die Müssigkeit und Hinfälligkeit der Forderung, daß ich hätte „untersuchen müssen, ob die — teilweise nur Monate umfassenden — Lücken in den Schifferbüchern mit jenen Sperrungen zusammenhängen"; denn, da, wie nachgewiesen, gar keine Blockaden stattgefunden haben, können Lücken in den Schifferbüchern auch nicht mit Etwas znsammenhängen, was garnicht bestanden hat.

Ich muß aber doch noch etwas näher auf diese Fordernng Ehrenbergs eingehen; sie ist zu charakteristisch für die Art der Kritik und den Grad der Kenntniß desselben von dem Material, das er „gefunden" und hinsichtlich dessen Bearbeitung er mir Mangel an „Gewissenhaftigkeit" vorwirft.

Es ist nämlich, wie ich schon in meiner „Erwiderung" bemerkte, überhaupt unmöglich, die Lücken in den Schifferbüchern mit irgendwelchen Ereignissen und Thatsachen in Zusammenhang zu bringen; nicht nur in dem besonderen Falle der „Blockaden", sondern auch allgemein ist das Verlangen Ehrenbergs vollkommen unberechtigt; ich mußte nicht nur nicht „untersuchen", sondern ich durfte es auf Grund meiner jahrelangen Beschäftigung mit diesem Material nicht. Hierüber noch wenige Worte.

Wenn ich in obiger Darlegung nachgewiesen, daß in dem fraglichen Zeitraum keine Blockaden stattgefunden, so habe ich hierfür zuverlässige Quellen benutzt, die unabhängig von den Schifferbüchern sind. Und wenn sich nun aus diesen Quellen ergeben hätte, daß thatsächlich für eine Zeitlang die Elbe „blockirt" gewesen, und wenn wirklich mit ungefähr demselben Zeitraum eine Lücke der Schifferbücher zusammenfiele, dürfte dann sogleich ein ursächlicher Zusammenhang zwischen „Sperrung" und „Lücke" angenommen werden? Möglich wäre ja ein Zusammenhang; aber eine zwingende Notwendigkeit für eine solche Annahme läge nicht vor. Woher weiß man denn, daß grade in dem betreffenden Zeitraum Schiffe abgehen oder ankommen wollten und sollten, die nun durch die „Blockade" daran verhindert wurden? Ist für Pausen im Schiffsverkehr einzig und allein eine „Blockade" ein Grund? Nach Ehrenberg sollte man es glauben; er spricht nur von „Blockaden". Nun kommen aber für die Beantwortung der Frage, ob ein Schiffsverkehr, der lediglich auf Segelschiffen beruht, in einer bestimmten Periode mehr oder weniger regelmäßig gewesen ist, doch noch ganz andere Faktoren in Betracht, als es Verlust des statistischen Materials oder „Blockaden" sind. Sehen wir ab von den allgemein wirthschaftlichen Momenten, von Geschäftsconjunkturen ꝛc., deren Einfluß ja für eine dreihundert Jahre zurückliegende Zeit selbst für einen findigen Wirtschaftshistoriker anzugeben schwer sein würde; aber denken wir doch nur an den Schiffsverkehr beeinflussende elementare Ereignisse und Zustände. Wind und Wetter spielen für die Segelschiffahrt eine so bedeutende Rolle, namentlich wenn ein so tief im Binnenlande liegender Hafen wie Hamburg und eine Zeit, in der es keine Schleppdampfer gab, in Betracht kommt, daß es mir fast überflüssig zu sein scheint, wenn ich darauf noch hinweisen muß; aber Ehrenberg, der lieber „Blockaden" construirt, zwingt mich ja dazu, dies so eingehend zu erörtern. Jedenfalls kann man mit mehr Recht, als auf nichtexistirende Blockaden, manche Lücken in den Schifferbüchern auf elementare Gründe zurückführen. Beim Studium der vollständig vorliegenden, d. h. nicht mit Lücken im Anfang und Ende des Jahres oder monatelangen Pausen versehenen Schifferbücher, kann man beobachten, daß in jedem Jahre oft wochenlang hintereinander kein Schiff angekommen oder abgegangen ist und zwar ebensowohl in sogenannter guter wie schlechter Jahreszeit; Ehrenberg würde vielleicht auf „Blockaden" schließen; mit mindestens ebensoviel Berechtigung kann man aber elementare Hindernisse annehmen, im Winter oft Eisgang, im Allgemeinen ungünstige Wind- und Wetterverhältnisse. Im einzelnen Fall läßt sich das natürlich nicht nachweisen, da unsere Quellen nur ganz abnormer elementarer Ereignisse Erwähnung thun; mir liegt auch nichts ferner, als für irgend eine Lücke mit Sicherheit eine in elementaren Ursachen liegende Erklärung zu geben; das kann ich ebensowenig, als ich eine Lücke mit Verlust des Materials oder sonstwie erklären kann. Andererseits haben wir keinen Grund, weshalb wir solche elementare Verkehrs-Hindernisse nicht auch mit Lücken in den Jahren in Verbindung bringen sollten, in denen thatsächlich auf menschlichen Einfluß zurückgehende Verkehrsbeschränkungen stattgefunden haben. Wenn z. B., wie wir oben gesehen, im Sommer 1626 eine 14tägige Lücke sich findet, so läßt sich diese mit demselben Recht auf Wind und Wetter zurückführen, wie auf Verlust des Materials. Die Lücke 1627 vom 19. Mai—7. Nov. geht, so wie sie vorliegt, wahrscheinlich auf Verlust des Materials zurück; denn an eine so große, durch elementare Hindernisse verursachte Lücke ist für diese Jahreszeit selbstverständlich nicht zu denken; andererseits wissen wir aber doch nicht, ob nicht innerhalb dieser Zeit wieder Lücken, herbeigeführt durch elementare Zustände, bestanden haben. Und mit derselben Berechtigung, mit der behauptet werden kann, daß Lücken auf Kriegsereignisse und dgl. zurückgeführt werden sollen, könnte man behaupten, daß in Jahren, deren Schifferbücher lückenlos vorliegen und in denen doch Kriegsereignisse stattgefunden, diese letzteren auf die Schiffahrt gar keinen Einfluß geübt haben; Eins wie das Andere ist unstatthaft. Denn wie wir dort nicht wissen können, welche Gründe im einzelnen Falle die Schiffahrer am Abfahren oder Ankommen gehindert haben, sind wir hier im Unklaren darüber, ob nicht doch Schiffe durch Kriegsereignisse u. dgl. abgehalten worden sind, in die Elbe einzulaufen oder von Hamburg abzufahren.

Als Resultat dieser Erörterung ergibt sich:

1. Es ist unmöglich, aus unabhängig von den Schifferbüchern bekannten Thatsachen auf die Ursachen, die den Lücken zu Grunde liegen, mit Sicherheit zu schließen; nur eins steht mit ziemlicher Sicherheit fest, daß die Lücken, die im Fehlen ganzer Jahrgänge bestehen, auf Verlust des Materials zurückgehen, da es höchst wahrscheinlich durch historiographische Quellen bekannt sein würde, wenn ganze Jahre umfassende Verkehrssperren stattgefunden hätten.

2. Als Gründe für die übrigen, Wochen, Monate umfassenden Lücken sind entweder Verlust des Materials oder elementare Hindernisse oder sonstige unbekannte Umstände anzunehmen; in jedem einzelnen Fall den Grund auch nur mit annähernder Sicherheit nachzuweisen, ist unmöglich, eine Untersuchung hierüber anzustellen müssig.

Aus diesen Folgerungen meiner Darlegung ergibt sich dann schließlich, daß die Bemerkung Ehrenbergs, „ein gewissenhafter Bearbeiter u. s. w.“ nicht nur für den besonderen Fall der nicht existirenden „Blockaden“, sondern auch im Allgemeinen sachlich höchst müssig war. Ich habe mir in jahrelanger Beschäftigung mit den Schifferbüchern wohl überlegt, was ich mit Sicherheit aus diesen direkt und indirekt folgern durfte und wo die Grenze zwischen sicherem Wissen und planlosen Vermutungen liegt; ich hielt es für überflüssig, in meiner Arbeit das ganze Handwerkszeug dieser Ueberlegung auszukramen; nun kommt Ehrenberg und nötigt mich durch seinen leichtfertig gemachten Vorwurf dazu, eine ganze Reihe von Dingen zu beweisen, die jedem Einsichtigen selbstverständlich scheinen müssen. Gründlichen Kennern der hamburgischen Geschichte und solchen Fachgenossen, die nicht „das Gras wachsen hören", sondern wissen, wie ein Material wie die Schifferbücher zu beurteilen ist, wird meine Darlegung nichts Neues bringen.

Einer ausdrücklichen Zurückweisung des in den Worten „ein gewissenhafter Bearbeiter u. s. w." liegenden Tadels bedarf es nicht mehr. —

Im Folgenden sehe ich mich genötigt, noch einige Behauptungen Ehrenbergs mehr persönlicher Art zurückzuweisen.

In seinem Referat hatte Ehrenberg behauptet, er hätte mich „zuerst auf die große Wichtigkeit dieses Materials" hingewiesen. Diese Behauptung wies ich in meiner Erwiderung als unberechtigt zurück, indem ich ferner schrieb: „Herr Dr. E. hat s. Zt. der Welt von seinem „Fund", d. h. von dem Vorhandensein eines registrirten Archivmaterials, in den Mitteilungen des Vereins für hamb. Gesch. Kenntniß gegeben; die „Wichtigkeit" dieses „Fundes" lag auf der Hand, nachdem letzterer bekannt geworden; eines Hinweises seitens des Herrn Dr. E. hat es mir gegenüber nicht bedurft. E. lehnte die Bearbeitung ab und ich entschloß mich zu der mühsamen und undankbaren Arbeit u. s. w." Nachdem nun in seinen „Bemerkungen" Ehrenberg die welterschütternde Mittheilung wiederholt bezw. gemacht hat, daß er die Schifferbücher „gefunden und wochenlang benutzt" habe, „als Herr Dr. Baasch noch auf der Hochschule" war und im Tone eines Gönners versichert hat, daß er sich mit mir „über die Bedeutung der Bücher unterhalten", fährt er fort: „Wenn ich hierauf in meiner Kritik kurz hinwies, so geschah das lediglich in dem erklärlichen Gefühle des Bedauerns darüber, wie diese und so manche andere erhebliche Abfälle meiner Studien jetzt behandelt werden".

Im Anschluß an diese Bemerkung des Herrn Dr. E. erwerbe ich mir vielleicht ein Verdienst, wenn ich einmal den Versuch mache, die Ansprüche dieses Herrn auf das Niveau herabzudrücken, das seinen wissenschaftlichen Leistungen zukommt. Auf dem Gebiete der hamburgischen Handelsgeschichte — und nur dieses kann hier in Betracht kommen, da ich mich nach meiner Promotion ausschließlich ihm gewidmet — hat Ehrenberg bisher keine einzige Leistung aufzuweisen, durch die die Ueberhebung, wie sie in jenen Worten liegt, wenn auch nicht berechtigt, so doch erklärlich erscheinen könnte. Von 1885 bis heute hat Ehrenberg auf diesem Gebiete veröffentlicht:

1. Einen recht unbedeutenden Aufsatz, der auf 40 Seiten eine Darstellung von „Hamburger Handel und Handelspolitik im 16. Jahrhundert" giebt. (1885.)

2. Eine von ganz unhistorischer Auffassung zeugende, von zahlreichen unbewiesenen Behauptungen wimmelnde Schrift über die „Anfänge des Hamburger Freihafens." (1888.) [1]).

3. Eine Brochüre „Hamburg und Antwerpen seit 300 Jahren", die eingestandenermaßen nicht wissenschaftlichen Charakters ist. (1889.)

4. Einen aus systemlos zusammengesuchten archivalischen Notizen und unkritisch behandeltem sonstigen Material bestehenden Aufsatz „Hamburgs Handel vor 200 Jahren". (1892.)

Zu diesen „Studien" kommt dann die gelegentliche Mitteilung eines „Fundes", so der „Schifferbücher", eines „Preiscourants", einer „Zollrolle von 1548" u. s. w.

Und gestützt auf diese monumentalen Leistungen im „Studiren" und „Finden", an die als neueste das mit groben Irrthümern und falschen Behauptungen durchsetzte Referat über meine Arbeit sich würdig anreiht, wagt Ehrenberg es, mir gegenüber von „Abfällen seiner Studien" zu sprechen. Ich mußte mich dieser Aufzählung unterziehen, die ich mir und dem Leser gern erspart hätte; für Kenner der hamburgischen Geschichtsliteratur ist sie auch nicht bestimmt; bei diesen hat jene anmaßende Bemerkung Ehrenbergs nur ein mitleidiges Lächeln hervorgerufen.

Auf meine eigenen Arbeiten hinzuweisen, fällt mir dem gegenüber nicht ein; da Ehrenberg aber sich den Anschein giebt, als ob er die Rolle eines Mentors in meinem Studiengang gespielt, so muß ich hier betonen, daß ich mich ganz selbständig dem Gebiete der hamburgischen Handelsgeschichte zugewendet habe und zwar zu einer Zeit, da mir Herr Dr. Ehrenberg lediglich durch seine Schrift ad 1 bekannt war. Aus den „Unterhaltungen" mit Herrn Dr. Ehrenberg über die Schifferbücher wie über Anderes habe ich bald die Ueberzeugung geschöpft, daß seine und meine Auffassung von der Methode und den Zielen der Geschichtsschreibung des hamburgischen Handels weit auseinandergehen; diese Ueberzeugung konnte nur gekräftigt werden, als Herr Dr. Ehrenberg mangelhaft begründete und auf unkritische Behandlung der Quellen zurückzuführende Resultate seiner „Studien" für die Er-

[1]) Die mir bekannt gewordenen Kritiken über diese Schrift in wissenschaftlichen Zeitschriften sind meist von Referenten verfaßt, die keinen Anspruch auf besondere Kenntniß der hamburgischen Geschichte machen werden (z. B. Histor. Zeitschrift von Ulrich; Schmoller's Jahrbuch von Naudé). Der Referent in Schmoller's Jahrbuch (1889, S. 710) führt sein Referat ein mit den Worten: „Der als Hamburger Geschichtsschreiber bekannte Verfasser" (nämlich Ehrenberg). Das kennzeichnet den Wert dieses Referats. Die hamburgische Geschichtsschreibung beglückwünsche ich übrigens zu dieser Acquisition, die ihr vor Naudés Hinweis unbekannt war.

reichung praktischer Ziele nutzbar zu machen suchte (vergl. Jahresbericht des Altonaer Commerzcollegiums 1889). Hinsichtlich des Ausdrucks „Abfälle meiner Studien" muß ich es als eine kolossale Unverfrorenheit des Herrn Dr. Ehrenberg bezeichnen, wenn, nachdem er ganz aus eigenem Antriebe eine Bearbeitung der Schifferbücher abgelehnt hatte, er nunmehr, wo ich an diese gegangen bin, mir gegenüber von „Abfällen seiner Studien" spricht. Was die „anderen erheblichen Abfälle" betrifft, so weiß ich nicht, worauf diese dunkle Bemerkung zielt; vielleicht hat Herr Dr. Ehrenberg sich nichts dabei gedacht. Ich habe von dem, was Ehrenberg unter „Abfällen seiner Studien" zu verstehen scheint, bisher die Schifferbücher bearbeitet; sollte ich sonst in Zukunft etwas veröffentlichen, was Herr Dr. Ehrenberg als Abfall seiner Studien betrachtet, was er „gefunden" oder „extrahirt" oder worüber er sich vor Jahren mit mir „unterhalten" haben will, so werde ich, wenn Herr Dr. Ehrenberg dann wieder dem „erklärlichen Gefühle des Bedauerns" Ausdruck verleiht, nicht so viel Worte machen, sondern kurz auf diese Auseinandersetzung hinweisen. Schließlich kann ich Herrn Dr. Ehrenbergs „Bedauern über die Behandlung der Abfälle seiner Studien", nachdem sich aus seinem Referat und seinen „Bemerkungen" gezeigt, was er unter „Behandlung der Schifferbücher" versteht, nur als ein Lob dankend acceptiren.

Zum Schluß seiner „Bemerkungen" erklärt Ehrenberg, daß ich in meiner „Erwiderung" seine „wesentlichsten Bedenken" gegen meine Bearbeitung garnicht erwähnt hätte.

Zunächst bestreite ich Herrn Dr. Ehrenberg, nachdem er eine vollkommene Unkenntniß in Bezug auf das in Rede stehende Material an den Tag gelegt, eine Entscheidung und ein Urteil darüber, was hinsichtlich dieses Materials wesentlich oder nicht wesentlich ist. Sodann bemerke ich, daß ich allerdings nicht auf alle „Bedenken" Ehrenbergs eingegangen bin; daran konnte ich schon mit Rücksicht auf den Raum und die Redaktion der „Jahrbücher" nicht denken. Das was mir nach Kenntniß des Materials wesentlich erschien, habe ich beantwortet, und werde auch hier nicht auf Unwesentliches eingehen. Wenn Herr Dr. Ehrenberg aber Anderes aus den Schifferbüchern herausgelesen haben will als ich und auf Grund seiner „wochenlangen" Benutzung glaubt, seinen „Extracten" eine ganz besondere Zuverlässigkeit zuschreiben zu müssen, so möge er ungesäumt mit den genauen Resultaten seiner Forschung ans Licht kommen, selbstverständlich aber auch dabei angeben, wie er in der kritischen Detailarbeit zu jedem Einzelresultat gelangt ist.

Druck von Ackermann & Wulff.

Zeitfracht Medien GmbH
Ferdinand-Jühlke-Straße 7
99095 Erfurt, Deutschland
produktsicherheit@kolibri360.de